Gerald Ssekiranda
Feriha Mugisha
Tony Meri

Manutenção de pontes de betão armado

Gerald Ssekiranda
Feriha Mugisha
Tony Meri

Manutenção de pontes de betão armado

Uma análise crítica das técnicas de manutenção mais avançadas

ScienciaScripts

Imprint

Cover image: www.ingimage.com

This book is a translation from the original published under ISBN 978-620-2-31818-1.

Publisher:
Sciencia Scripts
is a trademark of
Dodo Books Indian Ocean Ltd. and OmniScriptum S.R.L publishing group

120 High Road, East Finchley, London, N2 9ED, United Kingdom
Str. Armeneasca 28/1, office 1, Chisinau MD-2012, Republic of Moldova, Europe
Printed at: see last page
ISBN: 978-620-8-03192-3

DEDICAÇÃO

Dedico este trabalho de investigação ao Sr. e à Sra. Mathius Mulumba Muteesasira, pais de Ssekiranda Gerald, e a toda a minha família, por todo o amor, carinho e apoio que me deram ao longo dos meus estudos.

RECONHECIMENTO

Gostaria de aproveitar esta oportunidade para agradecer às pessoas que me permitiram realizar este projeto de fim de curso que me expôs a grandes desafios e experiências no domínio da engenharia.

Gostaria de registar os meus sinceros agradecimentos aos supervisores de departamento, Sr. Tony Meri Carlos e Sr. Feriha Mugisha, pela sua orientação e paciência durante este período.

O autor deseja também agradecer ao pessoal do Laboratório Central de Materiais em Kireka por nos ter orientado, em especial ao Eng. Okello, ao Sr. Kasule Dan, ao Sr. Obella O.S, à Menina Nabukalu Prossy e ao Sr. Paul Mulugga pelo seu inestimável apoio e ajuda nesta investigação. No mesmo espírito, os nossos agradecimentos vão para a unidade de Pontes da UNRA por nos ter aceite efetuar uma avaliação na Ponte Wamika em Luwero.

Os agradecimentos especiais vão para o Eng. I. George, o diretor da estação de Luwero, Eng. Ssekamatte e às pessoas com quem trabalham pela hospitalidade que me demonstraram durante os estudos de campo.

Aproveito também esta oportunidade para expressar a minha sincera gratidão aos meus pais pelo facto de terem patrocinado o estudo.

As coisas não teriam sido as mesmas no campus se não tivesses entrado na minha vida. O amor, o carinho e a motivação que me deste foram incríveis e merecem ser reconhecidos. És sempre uma base de inspiração para mim e é bom que saibas isso e que continues a fazer o mesmo. Por isso, agradeço-te, Carolyne Kanyike.

Gostaria de agradecer a todos os meus colegas de turma em geral e a todos os outros estudantes que me deram apoio académico e moral durante os quatro anos que passei na Universidade. A lista é interminável, mas agradeço muito a cada um deles.

Acima de tudo, estou em dívida para com Deus, autor e consumador de todas as coisas, pela vida, pelo conhecimento e pela capacidade de realizar com êxito este estudo.

ÍNDICE DE CONTEÚDOS

CAPÍTULO 1 6
CAPÍTULO 2 9
CAPÍTULO 3 24
CAPÍTULO 4 27
CAPÍTULO 5 34

LISTA DE ACRÓNIMOS

ASTM	-	American Society for Testing and Materials
BMS	-	Bridge Management Systems
BS	-	British Standards
ECR	-	Epoxy Coated Rein forcing Bars
FHWA	-	Federal Highway Administration
KCCA	-	Kampala Capital City Authority
MoWT	-	Ministry of Works and Transport
OCP	-	Open Circuit Potential
RCM	-	Reliability Centered Maintenance
SHM	-	Structural Health Monitoring
UNRA	-	Uganda National Roads Authority
USA	-	United States of America
DHC	-	Digital Half Cell

RESUMO

As estruturas de betão armado têm potencial para serem muito duráveis e capazes de resistir a uma variedade de condições ambientais adversas. No entanto, continuam a ocorrer falhas nas estruturas em resultado da corrosão prematura das armaduras, de erros de construção e de conceção e de factores ambientais prejudiciais. A manutenção e a reparação de pontes e edifícios para sua segurança requerem técnicas eficazes de inspeção e monitorização para avaliar o estado da infraestrutura. Os engenheiros precisam de melhores técnicas para avaliar o estado da estrutura quando é necessário efetuar a manutenção ou a reparação. Estes métodos têm de ser capazes de identificar eventuais problemas de durabilidade das estruturas antes de estes se tornarem graves. Neste estudo, foi efectuada uma revisão das várias medidas de manutenção e reabilitação aplicáveis às pontes RC rodoviárias. Neste contexto, foi também dada atenção a uma série de defeitos nas pontes que requerem manutenção.

Em termos de manutenção, o estudo concluiu que, dos 13 métodos que podem ser utilizados para avaliar o estado de corrosão em pontes de betão armado, apenas 3 são amplamente utilizados, nomeadamente as medições do potencial de circuito aberto (OCP), as medições do potencial de superfície (SP) e a medição da resistividade do betão.

Em termos de defeitos, o tabuleiro e o abatimento são mais susceptíveis de apresentar fissuras, esboroamento e infiltrações de água.

Catorze pontes em diferentes partes do Uganda foram visitadas, inspeccionadas visualmente e um resumo do seu estado é apresentado neste relatório. A análise dos dados do estado de corrosão utilizando a técnica do potencial de meia célula no tabuleiro da ponte de Wamika mostrou que os reforços no tabuleiro estavam com menos de 5% de corrosão ativa e ainda podem manter-se durante algum tempo.

CAPÍTULO 1

INTRODUÇÃO

1.1 Fundo

É óbvio que qualquer rede integrada de transportes necessita de estruturas de pontes para transportar o tráfego através de uma variedade de passagens. Uma travessia, a que chamaremos passagem inferior, pode ser de origem humana (auto-estradas, linhas de caminho de ferro, canais) ou natural (cursos de água, ravinas). Por mais fácil que este ponto possa parecer, deve chamar a atenção para a magnitude do número de pontes atualmente em uso e mantidas por várias agências em todo o mundo. De facto, é muito raro que uma autoestrada ou uma estrada de grande extensão possa prosseguir do princípio ao fim sem encontrar um obstáculo que tenha de ser transposto.

A infraestrutura das pontes em todo o mundo tem estado constantemente exposta a ambientes agressivos e enfrenta volumes de tráfego cada vez maiores e cargas de camiões mais pesadas. Esta situação pode exercer impactos adversos graves, generalizados e prolongados em vários sectores da sociedade.

As estruturas de betão armado têm potencial para serem muito duráveis e capazes de resistir a uma variedade de condições ambientais adversas. No entanto, continuam a ocorrer falhas nas estruturas devido à corrosão prematura das armaduras. A corrosão dos aços no betão é um problema global das estruturas de betão. A manutenção e a reparação de pontes e edifícios para sua segurança requerem técnicas eficazes de inspeção e monitorização para avaliar a corrosão das armaduras.

No entanto, as necessidades de manutenção e reabilitação das pontes rodoviárias em deterioração ultrapassaram largamente os escassos fundos disponíveis que as agências competentes podem disponibilizar. Para resolver esta situação, as tecnologias avançadas, incluindo novas técnicas de inspeção/monitorização, estratégias inovadoras de preservação e melhores práticas de gestão de avaliações, tornam-se todas muito importantes.

1.2 Descrição do problema

As pontes no Uganda e no mundo em geral têm mostrado vários sinais de deterioração devido à corrosão, ao envelhecimento e a outros factores prejudiciais. Tendo em conta o enorme custo e esforço necessários para remediar as deficiências das pontes, é crucial que seja feito um esforço concertado para desenvolver e implementar métodos e diretrizes práticos, eficazes e económicos para a reparação e reabilitação de pontes.

1.3 Objetivo principal

Efetuar uma revisão das técnicas de manutenção e reabilitação de pontes de betão armado

1.4 Objectivos específicos

- Analisar as causas da deterioração das pontes de betão armado.

- Inspecionar visualmente uma série de pontes RC em diferentes partes do Uganda
- Avaliar a corrosão numa ponte RC selecionada (Ponte Wamika, Luwero).
- Determinar a profundidade da carbonatação no tabuleiro da ponte Wamika.

1.5 Justificação

A análise do inventário de pontes sobre o estado das 217 pontes em todo o país (Uganda) revelou que a UNRA não dispunha de informações sobre o estado de 109 pontes, ou seja, 50% das pontes, 58 pontes (ou seja, 27%) estão em manutenção, enquanto 50 pontes (ou seja, 23%) não estão *em manutenção*, como se pode ver no gráfico abaixo:

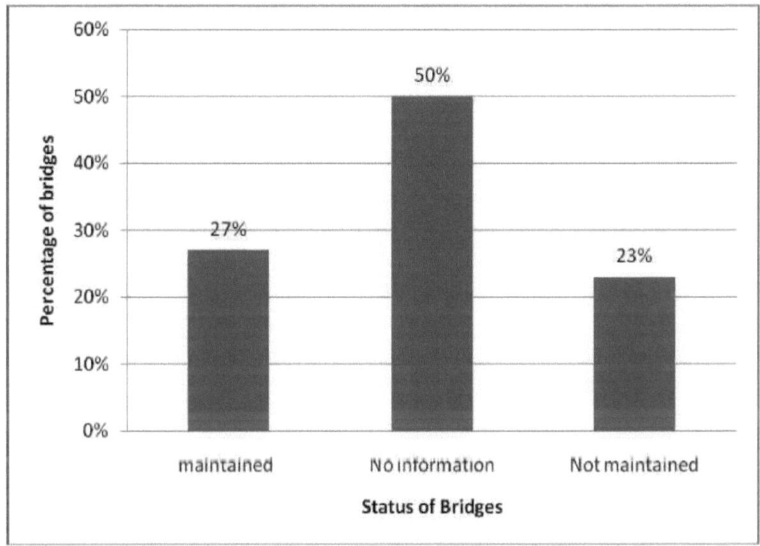

Gráfico 1. Situação das pontes mantidas em 2 de junho de 2009. (Fonte: Gabinete do Auditor Geral)

Por conseguinte, a partir do gráfico acima, é necessário rever as diferentes técnicas de manutenção de pontes RC que podem ser aplicadas.

1.6 Benefícios

Esta investigação forneceu informações sobre o estado de manutenção das pontes RC. Esta informação pode ser utilizada para gerir e manter estas pontes, de modo a mantê-las em serviço.

1.7 Âmbito do estudo

Nesta investigação, inspeccionámos visualmente 14 pontes RC em todo o país para identificar os defeitos nelas existentes. Em seguida, avaliámos a corrosão do aço na ponte Wamika, em Luweero, porque tinha vergalhões expostos no topo do tabuleiro. A avaliação foi efectuada utilizando a técnica do potencial de meia célula.

Existem 13 técnicas que podem ser utilizadas para avaliar a corrosão, mas apenas três são as mais comuns em todo o mundo, ou seja, medições do potencial de circuito aberto (OCP), medições do potencial de superfície (SP) e medições da resistividade do betão. Optámos especificamente por utilizar a meia-célula porque o equipamento era o único disponível das três técnicas no Uganda.

1.8 A ponte Wamika

A ponte de Wamika situa-se a 4 km da estrada Kampala-Hoima, em Wamika, perto de Busunju, do outro lado do rio Mayanja, no distrito de Luwero. Trata-se de uma ponte de betão armado com duas secções separadas por 50 m. A ponte Wamika 1 tem um vão de 15,5 m e uma largura de 5,4 m, enquanto a ponte Wamika 2 tem um vão de 10,9 m e uma largura de 5,4 m.

Ambas as pontes foram reconstruídas em 1998, depois de terem sido arrastadas pelas cheias do rio.

1.9 Organização do relatório/metodologia

O primeiro capítulo apresenta a ponte e a importância das pontes em todas as redes de transportes. Apresenta claramente a definição do problema, os objectivos e o âmbito do estudo.

O capítulo dois fornece informações sobre o historial e os tipos de pontes, uma revisão da literatura sobre a manutenção de pontes RC e uma introdução à corrosão. Neste capítulo, é abordada a técnica de medição do potencial de meia célula.

O capítulo três descreve o método, as técnicas e a configuração do equipamento utilizados para recolher os dados científicos necessários para analisar e fornecer soluções para os objectivos específicos. O capítulo quatro apresenta os resultados obtidos no estudo sob a forma de tabelas e gráficos. Este estudo inclui também descrições e discussões dos resultados, indicando claramente o significado dos resultados e as possíveis razões que os justificam. O quinto capítulo apresenta os desafios, as conclusões retiradas dos resultados obtidos e as recomendações.

CAPÍTULO 2

REVISÃO DA LITERATURA

2.1 Introdução

Este capítulo apresenta e discute os defeitos, a importância da manutenção e as técnicas de manutenção efectiva das pontes RC rodoviárias. É praticamente impossível circular numa autoestrada de um troço razoável sem passar por uma ponte. A maioria destas estruturas foi construída há muitos anos e tem sido confrontada com defeitos estruturais e de funcionamento devido ao ambiente adverso, ao aumento das cargas de tráfego e à própria idade. Os problemas de manutenção das pontes constituem uma séria desvantagem para os engenheiros. Um projeto e uma construção deficientes podem resultar em problemas graves para a manutenção das pontes. Mesmo que as pontes sejam bem projectadas e construídas, necessitam de manutenção periódica, cuja extensão dependerá do tipo de ponte. Normalmente, a esperança de vida útil de uma ponte é de cerca de 70 anos para a superestrutura e de 100 anos para a subestrutura. Devido a uma manutenção deficiente, a vida útil pode ser drasticamente reduzida.

No entanto, a construção e a manutenção de pontes começaram há muitos anos, com as pessoas a colocarem troncos de madeira sobre pequenos riachos para dar acesso à outra margem do riacho.

2.2 Desenvolvimento de pontes

A ponte é um dos instrumentos mais antigos da civilização. Nos tempos pré-históricos, as primeiras pontes eram feitas atravessando os pequenos riachos com a ajuda de árvores caídas ou troncos de madeira. Mais tarde, as pontes suspensas foram construídas com trepadeiras torcidas amarradas a troncos de árvores em ambos os lados do desfiladeiro. A estes esforços primitivos seguiu-se a ponte de lintel, que consiste numa grande peça de pedra assente em duas ou mais pequenas peças de pedra. As pontes de madeira foram utilizadas na época medieval e depois as pontes de pedra e de metal. A ponte mais antiga de que há registo foi construída no rio Niles por Minas, o primeiro rei do Egito, cerca de 2650 a.C.

As primeiras pontes em consola eram inteiramente feitas de madeira. A madeira foi utilizada durante muito tempo, em grande parte devido à maior facilidade com que podia ser obtida e manuseada.

A introdução do Arco foi de grande importância para a construção de pontes, pois possibilitou a utilização de intradorsos, pedras e tijolos mesmo na construção de pontes relativamente grandes. As pontes em arco também foram utilizadas já em 700 a.C. na Babilónia para cobrir os esgotos subterrâneos e as portas da cidade até um vão de 3,97m.

As pontes suspensas primitivas foram desenvolvidas pelos indianos, gregos e romanos. Consistiam numa única corda com um cesto de viagem suspenso. O cesto era puxado para trás e para a frente por outra corda. As extremidades do cabo eram presas a um objeto livre ou fixo.

A evolução da engenharia de pontes é a combinação resultante da evolução da forma das estruturas, dos materiais de construção, dos métodos de conceção, dos métodos de fabrico e dos métodos de montagem.

O aparecimento de novos materiais afectou o novo desenvolvimento da arte de construir pontes. A madeira ou a pedra foram substituídas pelo ferro fundido. Este foi novamente substituído pelo ferro forjado e, mais tarde, pelo aço macio. A primeira ponte de ferro fundido foi construída em 1776 sobre o rio Sewern, em Inglaterra. Mais tarde, em 1824, foi construída uma ponte de ferro forjado sobre a linha férrea Dublin-Drogheda. Uma vez que o ferro fundido é fraco em tensão, era utilizado apenas para arcos. Com a invenção do aço em 1825, iniciou-se a era da construção de pontes modernas.

Recentemente, as pontes metálicas suspensas por cabos estão a ganhar popularidade como pontes de grande vão, numa faixa de cerca de 200 m. Para vãos superiores a 600 m, a única solução viável atualmente é a utilização de pontes suspensas. Atualmente, a ponte de maior vão no mundo é a ponte Okachi, no Japão.

A ponte mais longa do mundo sobre o rio Humber, na costa leste de Inglaterra, está a ser construída como uma ponte suspensa de vão único. Tem um vão de 1410 m, que excede em 112 m o maior vão atual da ponte estreita de Verrazano, à entrada do porto de Nova Iorque.

As pontes de betão armado são de origem recente. Em geral, a primeira aplicação prática do betão armado é atribuída a Monier em 1867.

A gama de vãos de vários tipos de pontes apresentada no *quadro 1* mostra que o aço e o betão podem ser utilizados para muitos tipos de pontes.

Type	Material	Span range (m)
Slab	Concrete	0-12
Beam	Concrete	12-210
	Steel	30-300
Truss	Steel	90-550
Arch rib	Concrete	90-130
	Steel	120-370
Arch truss	Steel	240-520
Cable stayed	Concrete	90-270
	Steel	90-350
Suspension	Steel	300-1400

Tabela 1: Gama de vãos versus material de construção (fonte: Principles and practices of Bridge Engineering, Bindra 2007)

No entanto, após a construção, tal como qualquer outra estrutura, as pontes necessitam de manutenção, inspeção e reabilitação adequadas para serem mantidas num estado suficientemente bom para servirem o fim a que se destinam. Devido à negligência e à aplicação de métodos inadequados por parte de algumas agências, nos últimos anos têm-se registado falhas e colapsos desenfreados de pontes em todo o mundo. Este facto chamou a atenção dos engenheiros e investigadores que criaram diferentes técnicas para manter as pontes de forma eficiente, incluindo sistemas de gestão de pontes, monitorização do estado estrutural e modelos de otimização, entre outros.

2.3 Manutenção

A manutenção é definida como um conjunto de actividades ou procedimentos realizados para devolver ou manter um sistema de infra-estruturas em condições de pleno funcionamento ou operacionalidade. A este respeito, a deterioração dos activos das infra-estruturas representa um enorme sorvedouro da riqueza nacional e prejudica gravemente o processo de desenvolvimento. As consequências financeiras de negligenciar a manutenção são frequentemente vistas apenas em termos de redução da vida útil dos activos e de substituição prematura. No entanto, negligenciar a manutenção implica também um aumento do custo de funcionamento das instalações e o desperdício dos recursos naturais e financeiros associados.

2.3.1 Tipos de manutenção

Há muitos tipos de manutenção, dependendo da *intenção*, do *momento* ou da *frequência* das actividades de manutenção:

i. Manutenção preventiva

Trata-se de actividades ou programas sistemáticos e pré-agendados de inspecções e actividades de manutenção que visam a deteção precoce de defeitos e a aplicação de medidas destinadas a evitar avarias ou a deterioração das infra-estruturas. A manutenção preventiva é "proactiva" no sentido em que estas actividades são realizadas antes da ocorrência de um defeito. Frequentemente, os custos de muitas actividades de manutenção preventiva são baixos em comparação com a manutenção corretiva ou a reabilitação.

ii. Manutenção corretiva

Trata-se de actividades realizadas na sequência de avarias ou de uma deterioração notória das infra-estruturas. Em termos simples, trata-se de efetuar reparações ou, mais simplesmente ainda, de consertar algo. A manutenção corretiva é inerentemente "reactiva", na medida em que é efectuada após a deteção de um defeito, frequentemente devido ao facto de o sistema não estar a funcionar como previsto. Nalgumas áreas, a manutenção corretiva é conhecida como manutenção curativa.

iii. Manutenção de rotina

Trata-se de actividades de manutenção preventiva e corretiva realizadas mais frequentemente do que uma vez por ano. Algumas destas actividades podem ser definidas com base nas horas de funcionamento.

iv. Manutenção periódica

Trata-se de actividades de manutenção preventiva realizadas com menos frequência do que uma vez por ano, por exemplo, de dois em dois ou de cinco em cinco anos. Estas tarefas de manutenção são frequentemente programadas em planos ou calendários pré-determinados.

v. Reabilitação

Refere-se a actividades realizadas para corrigir defeitos importantes, a fim de repor uma instalação no seu estado e capacidade operacionais previstos, sem a expandir significativamente para além da sua função ou extensão originalmente planeada ou concebida. A reabilitação deve ser distinguida da construção, que se refere à criação inicial da infraestrutura, bem como da expansão ou ampliação, que se refere ao aumento da capacidade ou da extensão geográfica de um sistema de infra-estruturas. As actividades de reabilitação são geralmente mais dispendiosas do que as actividades de manutenção corretiva.

2.3.2 Importância da manutenção das infra-estruturas

A inadequação do funcionamento e da manutenção das infra-estruturas tem consequências graves para o desenvolvimento económico e social. A capacidade de apoiar a atividade económica produtiva dos sectores público e privado é gravemente prejudicada pela prestação de serviços de qualidade inferior e pela deterioração das infra-estruturas causada por operações e manutenção deficientes. Uma manutenção ineficaz desperdiça recursos financeiros escassos e resulta em necessidades dispendiosas de substituição prematura das infra-estruturas e mesmo na perda total dos activos, aumentando assim as despesas fiscais e o serviço da dívida nos países que dependem fortemente de materiais e equipamentos importados. A má manutenção das pontes pode ter um impacto grave no comércio, uma vez que as pontes ligam os países aos seus vizinhos e as cidades às principais localidades. Isto acaba por ter um impacto negativo no PIB do país, na saúde, uma vez que há atrasos no transporte de instalações médicas, e atrasa o desenvolvimento económico devido à redução da rede de transportes. Por exemplo, no Uganda, a avaria da ponte do Nilo ou da ponte de Karuma interromperia o comércio entre o Uganda e o Quénia ou o Uganda e o Sudão, respetivamente.

2.4 Defeitos em pontes RC

Entre outros defeitos que as pontes enfrentam e que requerem manutenção estão

- Spalling: é causado pela separação e remoção de uma porção de betão, deixando uma depressão aproximadamente circular ou oval no betão.
- A escamação é a perda gradual e contínua da argamassa e do agregado da superfície.

- Fissuração, é uma fratura linear do betão e pode estender-se parcial ou totalmente através do ião de betão.
- Eflorescência, é uma reação química que resulta na deposição de uma substância cristalina pulverulenta que aparece na superfície do betão. É causada pela evaporação ou alteração química do betão. A eflorescência é uma adição de uma concentração elevada de cloretos localizada e de uma fuga.
- A reatividade da sílica alcalina, (ASR), é a suscetibilidade de certos agregados reagirem quimicamente com os álcalis, como o sódio e o potássio, no betão de cimento Portland. Um material de sílica reactiva é aquele que reage a altas temperaturas com o cimento Portland ou a cal. Este tipo de material inclui a sílica pulverizada, a pozolana natural e as cinzas volantes. Em determinadas condições, pode ocorrer uma expansão prejudicial, fissuração e manchas no betão.
- Corrosão das armaduras. Entre os defeitos das pontes, a deterioração de vários componentes de pontes de betão construídas no passado com armaduras de aço negro devido à corrosão é um dos problemas mais comuns, mais prejudiciais e mais dispendiosos que os proprietários de pontes enfrentam em todo o mundo.

2.5 Corrosão do aço de reforço

A corrosão do aço de reforço em pontes é um problema económico e de segurança significativo em qualquer agência de transportes, impedindo que muitas pontes atinjam a sua vida útil projectada.

2.5.1 A eletroquímica da corrosão do aço no betão

A corrosão do aço no betão segue o mecanismo eletroquímico de corrosão de um metal num eletrólito. A termodinâmica química determina se um determinado metal tende a corroer-se num determinado ambiente. De acordo com o diagrama de equilíbrio potencial/pH (ou diagrama de Pourbaix), o aço normal para armaduras no ambiente altamente alcalino do betão é protegido por uma fina película de óxido (a película passiva) contra a corrosão. Esta película passiva protetora pode ser destruída pela penetração de cloretos através do revestimento de betão até à superfície do aço e/ou pela carbonatação do betão, o que provoca a perda de alcalinidade devido à reação com o CO_2 da atmosfera, sendo o aço então despassivado. A corrosão ativa terá lugar quando o aço estiver despassivado e o oxigénio e a humidade estiverem presentes na superfície do aço.

A corrosão de um metal implica processos anódicos e catódicos separados que ocorrem simultaneamente na mesma superfície metálica. O aço corroído no betão actua como um elétrodo misto com reacções anódicas e catódicas acopladas que ocorrem simultaneamente na sua superfície. Nos locais de corrosão (o ânodo), o ferro é dissolvido e oxidado em iões de ferro, deixando os electrões no aço:

Fe -" Fe^{2+} + 2e~

Devido à condição de electro-neutralidade, estes electrões têm de ser consumidos pela reação catódica na superfície do aço, onde o oxigénio é reduzido e são produzidos iões hidroxilo:

O_2 4- $2H_2$ + 4e"-> $4OH^-$

Formam-se assim produtos de corrosão expansivos, que provocam fissuras no betão com eventual fragmentação do betão devido à descolagem do betão acelerada pelas vibrações induzidas pelo tráfego.
No entanto, existem vários métodos que foram estabelecidos como medidas de controlo e atenuação da corrosão.

2.6 Sistemas de proteção contra a corrosão para a construção de pontes de betão

2.6.1 Varões para betão com revestimento epoxídico (ECR)

O revestimento epóxi para varões de reforço é um sistema de barreira, desenvolvido pela FHWA em 1974, com o objetivo de impedir que os iões de cloreto atinjam a superfície dos varões de aço preto.

2.6.2 Revestimentos metálicos e varões metálicos maciços para betão

Durante anos, os revestimentos metálicos foram utilizados com êxito para evitar a corrosão do aço noutros ambientes que não o betão, o que levou a prever que também poderiam proteger o aço no betão. Os revestimentos metálicos para aço de reforço podem ser divididos em duas categorias: sacrificiais ou nobres. Os revestimentos de sacrifício são constituídos por metais que têm um potencial de corrosão mais negativo do que o aço, como o zinco. Se o revestimento de sacrifício for quebrado, é criada uma célula galvânica e o revestimento corrói enquanto protege o aço. Os revestimentos nobres, como o cobre e o níquel, não corroem no betão, mas se o revestimento for quebrado, qualquer aço exposto torna-se anódico e corroerá (Virmani et al., 1998).

2.6.3 Reforço de plástico reforçado com fibras

Recentemente, vários estudos analisaram a possibilidade de utilizar plástico reforçado com fibras como opção de reforço não corrosivo para o betão. Em 1996, mais de 15 pontes rodoviárias e pedonais tinham sido construídas na Europa, Japão e Canadá utilizando barras de plástico reforçadas com fibras (Erki, et al., 1993).

2.6.4 Inibidores de corrosão

Os inibidores de corrosão, geralmente misturados com a água durante a mistura do betão, constituem uma alternativa aos varões revestidos a epóxi a custos sensivelmente comparáveis. O desempenho dos inibidores tem-se revelado variável. Devido à composição química variável, alguns são melhores do que outros. Os tipos básicos de inibidores incluem anódicos, catódicos e mistos (ou orgânicos). Atualmente, o nitrito de cálcio é o único inibidor de corrosão que se tem mostrado promissor no combate à corrosão.

2.6.5 Métodos electroquímicos

Os métodos electroquímicos têm a capacidade de parar a corrosão no betão contaminado com cloretos e são mais frequentemente utilizados como métodos de reabilitação, embora a proteção catódica também possa ser utilizada para estruturas.

2.6.6 Métodos convencionais - Revestimentos, selantes e remendos

A maioria dos proprietários de pontes continua a preferir e a depender de métodos convencionais em vez de métodos eléctricos, como a proteção catódica e o processo eletroquímico de extração de cloretos. Foi demonstrado que as camadas de betão de baixa permeabilidade prolongam a vida das pontes em 15-30 anos. O betão modificado com látex, o betão com sílica de fumo, o betão com baixo teor de água e cimento e o betão polimérico são os revestimentos mais utilizados para retardar a futura entrada de iões cloreto. Esta metodologia de reabilitação não requer manutenção após a instalação, mas a corrosão continua, uma vez que o cloreto continua a residir ao nível das armaduras. Após a instalação da camada de revestimento, a taxa de corrosão diminui ligeiramente com o passar do tempo devido à secagem do betão ao nível do varão de reforço e à menor disponibilidade de entrada futura de iões de cloreto. O custo de uma camada de baixa permeabilidade de 5 a 10 dólares por pé quadrado (0,46 a 0,93 dólares por metro quadrado) é razoável, mas não pára completamente o processo de corrosão. (Virmani et al, 1998)

Em resumo Desde a década de 1970, têm sido realizados projectos de investigação e estudos de campo sobre diferentes métodos de proteção das pontes de betão armado contra os danos causados pela corrosão. Os métodos incluem armaduras alternativas e conceção de lajes, métodos de barreira, métodos electroquímicos e inibidores de corrosão. Cada método e os seus princípios subjacentes são descritos, os resultados de desempenho dos ensaios laboratoriais e/ou de campo são revistos e os sistemas são avaliados com base nos resultados dos ensaios. Utilizando os resultados de desempenho dos estudos e os custos obtidos das agências de transportes, é utilizada uma análise económica para estimar o custo de cada sistema ao longo de uma vida económica de 75 anos, utilizando taxas de desconto de 2, 4 e 6%.

O aço de reforço revestido a epóxi é o método de proteção contra a corrosão mais comum utilizado atualmente nos Estados Unidos. Embora controverso em muitas áreas, o reforço revestido a epóxi tem tido um bom desempenho em muitos estados, incluindo o Kansas, desde que foi introduzido no início da década de 1970 e é um apoio de baixo custo a muitas outras opções de proteção contra a corrosão. A investigação sobre o reforço de aço inoxidável indica que este pode permanecer livre de corrosão em betão contaminado com cloretos durante mais de 75 anos. Com uma taxa de desconto baixa (2%), a armadura sólida de aço inoxidável é uma opção rentável em comparação com outras opções, mas com taxas de desconto mais elevadas (4%+), o custo do valor atual de um tabuleiro com aço inoxidável sólido é significativamente mais elevado do que o de um tabuleiro sem proteção. O reforço revestido de aço inoxidável é muito menos dispendioso do que o reforço sólido de aço inoxidável. O desempenho da armadura revestida de aço inoxidável será semelhante ao das barras de aço inoxidável sólido se o revestimento de aço inoxidável for contínuo e se a alma de aço preto, exposta nas extremidades da barra, estiver protegida de modo a não entrar em contacto com a solução dos poros do betão. O valor atual do custo de um tabuleiro de ponte construído com armaduras revestidas a aço inoxidável é significativamente inferior ao valor atual do custo de qualquer outro sistema de proteção anticorrosiva. Este método deve ser considerado para utilização experimental. O aço inoxidável sólido também deve ser considerado, se for utilizada uma taxa de desconto baixa (cerca de 2%). As membranas de asfalto quente com borracha são a opção menos dispendiosa, para além do reforço revestido a aço inoxidável. As membranas de asfalto quente com borracha e as membranas líquidas aplicadas por pulverização devem ser consideradas para utilização em projectos futuros. Em testes laboratoriais, os inibidores de corrosão demonstraram proteger o aço em betão contaminado com cloretos, mas a informação sobre o seu desempenho no terreno é limitada. Tanto o nitrito de cálcio como os inibidores de corrosão orgânicos têm potencial para serem rentáveis, se tiverem um desempenho tão bom no terreno como no laboratório, e devem ser considerados para utilização experimental. **(Jennifer et al 2000)**

2.7 Monitorização da corrosão em estruturas de betão armado

Para medir a taxa de corrosão do aço de reforço no betão, existem muitas técnicas electroquímicas e não destrutivas disponíveis para monitorizar a corrosão do aço em estruturas de betão. A corrosão dos varões em estruturas existentes pode ser avaliada por diferentes métodos, tais como Medições do potencial de circuito aberto (OCP), medições do potencial de superfície (SP), medições da resistividade do betão, medições da resistência à polarização linear (LPR), extrapolação de Tafel, método transiente de impulsos galvanostáticos, espetroscopia de impedância eletroquímica (EIS), análise harmónica, análise de ruído, sensor de monitorização da corrosão incorporável e medições da espessura da cobertura, técnica de velocidade de impulsos ultra-sónicos, raios X, medições de radiografia gama, termografia de infravermelhos, inspeção eletroquímica e visual.

De todas as técnicas acima referidas, as três primeiras são as mais aplicadas na monitorização da corrosão a nível mundial. No entanto, no nosso estudo, concentrámo-nos na utilização da técnica do potencial de meia-célula porque foi o único equipamento que encontrámos ao nosso alcance.

2.7.1 Medições do potencial de meia-célula em estruturas de betão armado

A medição do potencial de meia-célula é uma técnica eletroquímica comummente utilizada pelos engenheiros para avaliar a gravidade da corrosão em estruturas de betão armado.

A forma mais simples de avaliar a gravidade da corrosão do aço é medir o potencial de corrosão, uma vez que este está qualitativamente associado à taxa de corrosão do aço. Pode-se medir a diferença de potencial entre uma meia-célula portátil padrão, normalmente um elétrodo de referência padrão de cobre/sulfato de cobre (Cu/CuSO4) colocado na superfície do betão com a armadura de aço por baixo. A figura 4 ilustra os princípios básicos de uma tal medição, também designada por medição do potencial de meia célula.

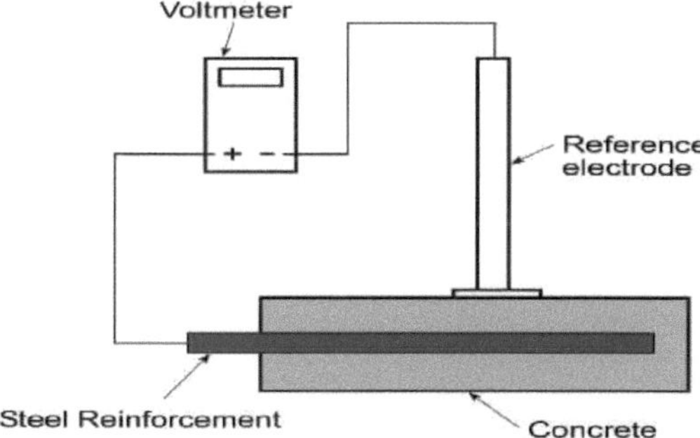

Figura 1: *Esquema que mostra os princípios básicos da técnica de medição do potencial de meia-célula*

O elétrodo de referência é ligado à extremidade negativa do voltímetro e a armadura de aço à positiva. A confiança na medição do potencial de meia-célula como indicação do potencial de corrosão evoluiu devido ao sucesso dos estudos de corrosão em tabuleiros de pontes. Uma indicação da probabilidade relativa de atividade de corrosão foi obtida empiricamente através de medições durante a década de 1970. Este trabalho constituiu a base da norma ASTM
C876, que fornece orientações gerais para a avaliação da corrosão em estruturas de betão, tal como indicado no Quadro 3. (Ping et al 1998)

Half-cell potential reading, vs. Cu/CuSO4	**Corrosion activity**
less negative than -0.200 V	90% probability of no corrosion
between -0.200 V and -0.350 V	an increasing probability of corrosion
more negative than -0.350 V	90% probability of corrosion

Tabela 2. *Probabilidade de corrosão de acordo com as leituras de meia-célula*

As medições do potencial de meia célula são técnicas simples, pouco dispendiosas e praticamente não destrutivas para avaliar o risco de corrosão dos aços no betão (Nakamula et al., 2008).

2.7.2 Utilização de dados de potencial de meia-célula

- Localizar as barras corroídas
- Definir a posição para uma análise destrutiva posterior

- Controlar a eficácia e a durabilidade de um trabalho de restauro
- Conceção da disposição dos ânodos dos sistemas de proteção do betão ou de reparação eletroquímica.

2.7.3 Limitações:

- Informação limitada para potenciais entre -200 e -350 mV CSE
- Não há informações sobre a taxa de corrosão
- Difícil de efetuar quando contaminado
- Difícil de realizar quando existem contaminantes no betão

2.7.4 Factores que influenciam as leituras do potencial de meia célula

Ao interpretar os dados de potencial de meia célula, é necessário considerar factores como a concentração de oxigénio e de cloreto e a resistência eléctrica do betão, que têm uma influência significativa nas leituras. A avaliação também se tornou mais complicada devido aos avanços nas tecnologias de betão e reparação, tais como revestimentos de materiais densos e selantes de betão, inibidores de corrosão, aditivos químicos e sistemas de proteção catódica. É importante compreender e considerar estes factores complicadores durante o estudo do potencial de meia célula e complementar a avaliação com outros estudos não destrutivos. Uma simples comparação dos dados de potencial de meia-célula com a diretriz ASTM sobre a probabilidade de corrosão das armaduras de aço pode revelar-se sem sentido. Por exemplo, considera-se geralmente que uma leitura mais negativa do potencial indica uma maior probabilidade de corrosão. Esta "regra" geral pode nem sempre ser válida; muitos factores podem deslocar as leituras de potencial de meia célula para valores mais positivos ou negativos, mas estas deslocações podem não estar necessariamente relacionadas com a gravidade da corrosão do aço. (Ping et al 1998)

Situation	Half-cell potential shift	Corrosion of steel reinforcement	Applicable to ASTM-C876
Decrease in oxygen concentration	to negative	may not increase	No
Carbonation/decrease in pH	to negative	increase	yes
Increase in chloride concentration	to negative	increase	yes
Anodic corrosion inhibitor	to positive	decrease	yes
Cathodic corrosion inhibitor	to negative	decrease	no
Mixed corrosion inhibitor	to positive or negative	decrease	no
Epoxy-coated rebar	to positive	not related	no
Galvanized rebar	to negative	not related	no
Dense concrete cover	to negative	not related	no
Concrete resistance	to positive	not related	no
Dry concrete	to positive	not related	no
Reference electrode position	to positive	not related	no
Coatings and sealers	to positive	not related	no
Concrete repair patch	to positive or negative	not related	no
Cathodic protection	to negative	not related	no
Stray current	Fluctuating between positive and negative	not related	no

Tabela 3. *Efeito dos vários factores na alteração do potencial de meia-célula e na probabilidade de corrosão*

Notas da tabela: A primeira coluna apresenta a situação e a segunda coluna mostra como o potencial de meia-célula responde a essa condição. A mudança pode ser no sentido de um potencial mais positivo ou direcções mais negativas. A terceira coluna mostra como essa deslocação do potencial de meia célula se relaciona com a gravidade da corrosão das armaduras de aço. Por exemplo, o desvio do potencial de meia célula pode estar associado a uma atividade de corrosão elevada ou reduzida ou uma situação particular pode não estar relacionada com a probabilidade de corrosão das armaduras. A quarta coluna indica se a diretriz de probabilidade de corrosão ASTM pode ser aplicada diretamente.

Após a identificação de corrosão ou de quaisquer outros defeitos na estrutura, é necessária uma manutenção imediata para restaurar as instalações. Mas após uma série de actividades de manutenção, chega-se a um ponto em que a estrutura já não pode ser mantida e tem de ser reabilitada.

2.8 Reabilitação de pontes rodoviárias

Muitas das pontes que existem atualmente no Uganda foram construídas pelos senhores coloniais antes da independência (1962) e muitas delas não foram objeto de uma manutenção adequada. A maioria destas pontes foi concebida para volumes de tráfego mais baixos, veículos mais pequenos, velocidades mais lentas e cargas mais leves do que as que são comuns atualmente. Além disso, a deterioração causada por factores ambientais é um problema crescente.

De acordo com o relatório do Auditor Geral de 2009, 70% das pontes do país estão classificadas como deficientes e necessitam de reabilitação ou substituição. Muitas destas pontes são deficientes porque a sua capacidade de carga é inadequada para o tráfego atual. O reforço pode muitas vezes ser utilizado como uma alternativa económica à substituição ou colocação.
A capacidade de carga viva de vários tipos de pontes pode ser aumentada através da utilização de diferentes métodos, tais como a adição de elementos, a adição de apoios, a redução da carga morta, a continuidade, a ação composta, a aplicação de pós-tensões externas, o aumento da secção transversal dos elementos, a modificação dos percursos de carga e a adição de apoios ou reforços laterais. Alguns métodos têm sido amplamente utilizados, mas outros são novos e ainda não foram totalmente desenvolvidos.

Todos os procedimentos de reforço aqui apresentados aplicam-se à superestrutura das pontes. Embora o comprimento do vão da ponte não seja um fator limitativo nos vários procedimentos de reforço apresentados, a maioria das técnicas aplica-se a pontes de vão curto e médio. No entanto, várias das técnicas de reforço são igualmente eficazes para pontes de grande vão.

2.8.1 Plataformas leves

Uma das abordagens mais fundamentais para aumentar a capacidade de carga viva de uma ponte consiste em reduzir a sua carga morta. Podem obter-se reduções significativas da carga morta removendo um tabuleiro de betão mais pesado existente e substituindo-o por um tabuleiro mais leve.

A substituição do tabuleiro ligeiro é uma técnica de reforço viável para pontes com longarinas de aço ou vigas de pavimento estruturalmente inadequadas, mas sólidas. Se, no entanto, o tabuleiro existente não necessitar de substituição ou de reparação extensiva, a substituição do tabuleiro ligeiro não será economicamente viável.

A substituição de um tabuleiro leve pode ser utilizada convenientemente em conjunto com outras técnicas de reforço. Depois de um tabuleiro existente ter sido removido, os elementos estruturais podem ser facilmente reforçados, acrescentados ou substituídos. A ação composta, que é possível com alguns tipos de tabuleiros ligeiros, pode aumentar ainda mais a capacidade de carga viva de uma ponte deficiente.

2.8.2 Ação composta

A modificação de um sistema existente de longarinas e tabuleiro para um sistema compósito é um método comum para aumentar a resistência à flexão de uma ponte. A ação composta da longarina e do tabuleiro não só reduz as tensões de carga viva, como também reduz as deflexões e vibrações indesejáveis, em resultado do aumento da rigidez à flexão resultante da ação conjunta da longarina e do tabuleiro. Este procedimento também pode ser utilizado em pontes que apenas têm uma ação composta parcial, porque os conectores de cisalhamento originalmente fornecidos são inadequados para suportar as cargas vivas actuais.

Aplicabilidade e vantagens

A ação compósita pode ser eficazmente desenvolvida entre as longarinas de aço e vários materiais de tabuleiro, tais como o betão armado de peso normal (pré-fabricado ou moldado no local), o betão armado leve (pré-fabricado ou moldado no local), a madeira laminada e as grelhas de aço preenchidas com betão. Estes são os materiais mais comuns utilizados nos tabuleiros compósitos; no entanto, há alguns casos em que as chapas de aço dos tabuleiros foram compostas com longarinas de aço.
Se se pretender reduzir a interrupção do tráfego, os painéis de betão pré-fabricados são uma das melhores soluções. Os painéis são compostos através da colocação de orifícios formados no betão pré-fabricado diretamente sobre o aço estrutural. Os pernos soldados são depois fixados através dos orifícios pré-formados.

2.8.3 Melhoria da resistência de vários elementos de pontes de betão armado

Um método para aumentar a capacidade de flexão de uma viga de betão armado consiste em fixar chapas de cobertura de aço ou outras formas de aço à face de tração da viga. As chapas ou formas são normalmente fixadas por aparafusamento, cravação ou cavilha para desenvolver continuidade entre a viga antiga e o novo material. Se a viga também não for adequada ao cisalhamento, podem ser adicionadas combinações de cintas e chapas de cobertura para melhorar a capacidade de cisalhamento e de flexão. Dado que uma grande percentagem da carga na maioria das estruturas de betão é carga morta, para que o recobrimento seja mais eficaz, a estrutura deve ser levantada antes do recobrimento para reduzir as tensões de carga morta da barra. A adição de chapas de cobertura de aço pode também exigir a adição de betão à face de compressão da barra.

2.8.4 Pós-tensão de vários componentes da ponte

[th]Desde o século XIX, as estruturas de madeira têm sido reforçadas por meio de disposições de postes-rei e postes-rainha; estas formas de reforço por pós-tensão ainda são utilizadas atualmente. Desde a década de 1950, a pós-tensão tem sido aplicada como método de reforço em muitas outras configurações em quase todos os tipos de pontes comuns. O impulso para o recente aumento do reforço por pós-tensão resulta, sem dúvida, da sua história de sucesso de mais de 40 anos e da atual necessidade de reforço de pontes em muitos países. A pós-tensão pode ser aplicada a uma ponte existente para atingir uma variedade de objectivos. Pode ser utilizada para aliviar as sobretensões de tensão relativamente à carga de serviço e às tensões admissíveis à fadiga. Estas sobretensões podem ser tensões axiais em elementos de treliça ou tensões associadas à flexão, cisalhamento ou torção em longarinas, vigas ou vigas da ponte. O pós-tensionamento também pode reduzir ou reverter

deslocamentos indesejáveis. Estes deslocamentos podem ser locais, como no caso de fissuração, ou globais, como no caso de deflexões excessivas da ponte. Embora a pós-tensão não seja, em geral, tão eficaz no que respeita à resistência final como no que respeita às tensões admissíveis em carga de serviço, pode ser utilizada para acrescentar resistência final a uma ponte existente. É possível utilizar o pós-tensionamento para alterar o comportamento básico de uma ponte de uma série de vãos simples para vãos contínuos.

2.8.5 Adição de apoios suplementares

Podem ser adicionados apoios suplementares para reduzir o comprimento do vão e assim reduzir o momento positivo máximo numa determinada ponte. Ao mudar uma ponte de um vão para uma ponte contínua de vários vãos, as tensões na ponte podem ser alteradas drasticamente, melhorando assim a capacidade máxima de carga viva da ponte. Embora este método possa ser bastante dispendioso devido ao custo da adição de cais adicionais, pode ser desejável em determinadas situações.

Aplicabilidade e vantagens

Este método é aplicável à maioria dos tipos de pontes de longarinas, como as de aço, de betão e de madeira, e também tem sido utilizado em pontes de treliça]. Cada um destes tipos de pontes tem diferenças distintas.
Se for adicionado um apoio central suplementar ao centro de uma ponte de longarinas de aço com 80 pés (24,4 m) de comprimento que tenha sido projectada para cargas HS20-44, o momento máximo positivo de carga viva é reduzido de 164,9 pés-kips (1579,4 kN^m) para 358,2 pés-kips (485,7 kVml, o que representa uma redução de mais de69%. (Wayne et al., 2003)

Limitações e desvantagens

Dependendo do tipo de ponte, existem várias limitações a este método de reforço. Em primeiro lugar, devido às condições diretamente abaixo da ponte existente, pode não haver uma localização adequada para a estaca, como, por exemplo, quando a ponte que necessita de reforço passa sobre uma estrada ou uma via férrea. Outros condicionalismos, como as condições do solo, a presença de um desfiladeiro profundo ou a velocidade da corrente, podem aumentar consideravelmente o comprimento das estacas necessárias, tornando o custo proibitivo.

2.9 Problemas/desafios enfrentados na manutenção das pontes do Uganda

- Ausência de um BMS
  Em 2009, o Uganda recebeu uma subvenção do DFID e decidiu desviar uma parte da subvenção para a UNRA, a fim de desenvolver um BMS/BMU e prestar a assistência técnica necessária para analisar e auditar o inventário de pontes e os dados sobre o estado das pontes nacionais. Só é claro até este nível e continuamos a funcionar sem um BMS, pelo que os dados sobre o estado das pontes em todo o país são sempre insuficientes.

- Falta de coordenação interinstitucional

Há sempre conflitos interinstitucionais sobre quem é suposto fazer o quê, onde e quando. Como resultado, a maioria das nossas pontes continua sem manutenção, mas os fundos por vezes existem, mas como não é claro quem é o responsável, a situação agrava-se e quando as pessoas dedicam a sua atenção à ponte, esta exige um montante mais elevado.

- Fundos limitados

  Os fundos atribuídos ao ministério são sempre limitados e uma grande parte deste orçamento é canalizada para projectos de capital, o que faz com que a manutenção não seja feita.

- Má supervisão e inspeção por parte das autoridades

  A maior parte dos trabalhos de manutenção é subcontratada mas, devido à falta de supervisão regular, os contratantes não cumprem as expectativas.

- Falta de mão de obra especializada

  A mão de obra é insuficiente para efetuar os trabalhos de manutenção das pontes, o que torna o serviço deficitário.

- Tecnologia inadequada

  A maior parte das pontes no Uganda foram construídas pelos brancos e os desenhos e projectos já não estão disponíveis para as agências competentes. Não existe a tecnologia necessária para cumprir as normas de construção, o que contribuiu para a má manutenção das pontes.

- Prioridade do governo e dos políticos

  A manutenção não é uma prioridade para o governo, os políticos e os financiadores em geral. A maior parte das subvenções é atribuída a projectos de capital e a manutenção é sempre negligenciada pelos planeadores.

CAPÍTULO 3

MÉTODOS, EQUIPAMENTOS E MATERIAIS

Este capítulo fornece informações sobre os materiais utilizados e os procedimentos de campo para os vários ensaios efectuados durante a avaliação das pontes. As actividades realizadas no terreno foram principalmente medições do potencial de meia célula, ensaio de carbonatação e inspeção visual, sendo os dois primeiros realizados apenas na ponte Wamika.

3.1 Medições do potencial de meia-célula

A corrosão do aço é um processo eletroquímico que envolve áreas anódicas (corroídas) e catódicas (passivas) do metal. Medindo os potenciais eléctricos da superfície do betão em relação a um elétrodo de referência padrão numa grelha pré-determinada, é possível avaliar a presença e a localização da corrosão e o seu provável desempenho futuro. Este diagnóstico identifica áreas onde a corrosão está presente ou prestes a ocorrer muito antes de qualquer dano físico ser visível.

A técnica pode ser utilizada para identificar áreas de betão armado que necessitem de reparação ou tratamento de proteção e, através de medições regulares, monitorizar o comportamento de estruturas novas e relativamente novas, minimizando assim os custos de manutenção.

Procedimento de campo

- Em primeiro lugar, a continuidade eléctrica dos reforços do convés foi verificada em três pontos distantes, selecionados aleatoriamente no convés. O revestimento de betão já estava corroído e as armaduras estavam expostas.
- De seguida, as diferenças de potencial entre os três pontos foram medidas com um voltímetro e todos os valores medidos foram inferiores a 1mV. Assim, a continuidade eléctrica foi verificada.
- Além disso, estas janelas foram utilizadas para a ligação entre o reforço do tabuleiro e o voltímetro de alta impedância.
- Em segundo lugar, a água do rio foi aspergida sobre a superfície do betão para o pré-umedecimento, a fim de reduzir a flutuação dos valores medidos.
- Em terceiro lugar, o elétrodo de referência e o reforço do convés foram ligados a um voltímetro de alta impedância com fios condutores.
- Após a humidificação prévia e a ligação dos dispositivos, o elétrodo de referência foi colocado na superfície do betão. Os valores medidos do potencial de meia-célula foram registados a intervalos regulares. Os pontos de medição foram espaçados de 200 mm na direção do eixo da ponte. (ASTM-

C876)

As figuras 2 e 3 mostram o aparelho digital de meia célula e uma ilustração da sua utilização no terreno.

Figura 2, *o aparelho de potencial de meia-célula*

Figura 3. ***Medições do potencial de meia-célula em curso***

3.2 Determinação da profundidade de carbonatação

Procedimento

- A solução de fenolftaleína a 1% foi preparada dissolvendo 1,0 g de fenolftaleína em 90 cc de etanol.
- A solução foi então completada até 100 cc por adição de água destilada.
- Num orifício recém-criado (poço), o pó foi primeiro removido do orifício com uma escova de arame e depois pulverizado com uma solução de fenolftaleína.

- A profundidade da camada incolor (a camada carbonatada) a partir da superfície externa foi medida com uma régua em apenas uma posição, com uma precisão de milímetros.

Se o betão ainda mantiver as suas caraterísticas alcalinas, a cor do betão mudará para rosa. Se a carbonatação tiver ocorrido, o pH terá mudado para 7 (ou seja, condição neutra) e não haverá mudança de cor, como mostrado abaixo. (BS EN 14630:2006)

***Figura 4**. Determinação da profundidade de carbonatação no tabuleiro da ponte Wamika.*

Alcance e limitações

O ensaio de fenolftaleína é um método simples e barato de determinar a profundidade da carbonatação no betão e fornece informações sobre o risco de ocorrência de corrosão das armaduras. A única limitação é a pequena quantidade de danos causados à superfície do betão pela perfuração ou escavação. No nosso caso, a profundidade foi medida apenas numa posição em vez de cerca de 4 posições devido a restrições da UNRA para não destruir o tabuleiro.

3.3 Inspeção visual

Isto foi feito principalmente com a ajuda de uma câmara, tirando fotografias dos defeitos visíveis, como se mostra e discute no capítulo quatro.

CAPÍTULO 4

RESULTADOS E ANÁLISE

Este capítulo analisa os resultados da investigação e as suas interpretações.

4.1 Profundidade de carbonatação no tabuleiro da ponte de Wamika

A profundidade da extensão da solução incolor foi medida e era de 5 mm. O teste mostrou que foi na superfície da ponte que houve carbonatação e que todo o betão no interior ainda não estava carbonatado. Isto foi um indicador de que havia poucas probabilidades de corrosão dos vergalhões no interior e que se podia facilmente concluir que não havia carbonatação ativa na altura do estudo de campo.

4.2 Potencial de meia-célula e estado de corrosão dos aços da ponte Wamika

Os dados de um inquérito sobre o potencial de meia célula foram apresentados de duas formas:

- como um mapa de contorno equipotencial e
- distribuição gráfica dos potenciais

Os gráficos 2 e 3 mostram os resultados da medição do potencial de meia célula. Os resultados das medições do potencial de meia célula são representados como um mapa de contorno equipotencial utilizando cores diferentes para cada 100mV. A medição foi realizada com o elétrodo de cobre/sulfato de cobre após 30 minutos de humedecimento prévio. A espessura do revestimento de betão no reforço do tabuleiro foi de 50 mm. Os valores do teor de humidade na superfície do betão após o pré-umedecimento não foram determinados. A resistência à compressão do betão também não foi medida no momento do ensaio. Note-se que todos os potenciais aqui apresentados são negativos.

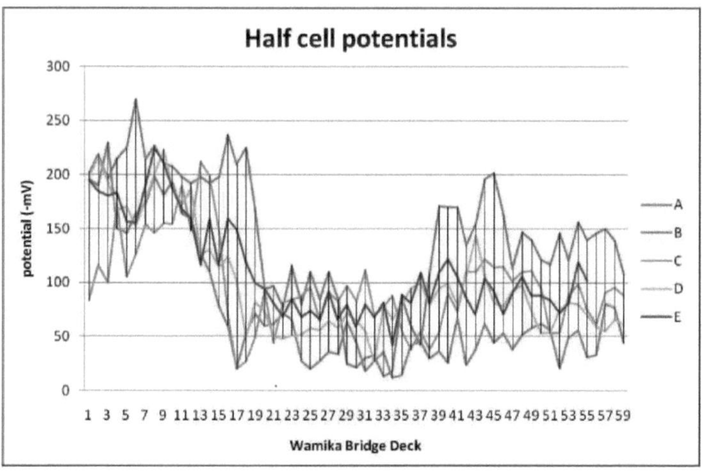

Gráfico 2. *Gráfico do potencial em função do comprimento do convés, diagrama de frequência cumulativa.*

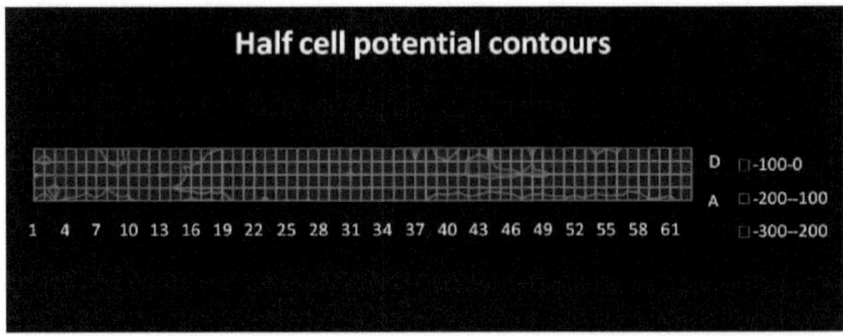

Gráfico 3. *O mapa de potencial de contorno da ponte de Wamika*

Neste caso, foi utilizado o elétrodo de cobre/sulfato de cobre saturado e, de acordo com a norma ASTM C876-80, os critérios de probabilidade do elétrodo são os seguintes

Potential level (mV vs CSE)	% Change of steel Corrosively Active
-350 to -500	95%
-200 to -350	50%
Less negative than -200	5%

Os valores medidos do potencial de meia-célula foram menos negativos, sendo o valor mais elevado (-20mV). Isto é uma indicação de que os vergalhões no interior do tabuleiro ainda estão livres de corrosão e que o reforço do tabuleiro da ponte está abaixo de 5% de corrosão.

É geralmente aceite que a técnica da diferença de potencial é mais fiável para identificar regiões de corrosão ativa do que a utilização de limites numéricos. (Nicholas et al 2004)

4.3 Inspeção visual das pontes

É necessário inspecionar regularmente todas as estruturas para que quaisquer defeitos possam ser detectados e registados numa fase inicial e para que se possa tomar uma decisão sobre os eventuais trabalhos de reparação a realizar. Ao realizar uma inspeção da estrutura, considerámos importante que as condições observadas fossem descritas em termos muito claros e concisos que possam ser compreendidos por outros. Os seguintes defeitos foram detectados por inspeção visual;

4.3.1 Fratura

As fissuras proporcionam vias fáceis para a entrada de humidade nas estruturas. Se não for controlada, a humidade que penetra no betão provoca manchas e, muitas vezes, leva a mais danos e deterioração. O padrão das fissuras observadas sob o tabuleiro é de fissuras individuais, estas fissuras foram observadas em direcções definidas. As fissuras individuais indicam tensão na direção perpendicular à fissuração. Podem ser utilizados vários termos para descrever a direção de uma fissura individual ou isolada: diagonal, longitudinal, transversal, vertical e horizontal.

Figura 5: *Fissuras transversais e longitudinais sob o tabuleiro.*

As causas deste tipo de fissuração são a sobrecarga, a falta de reforço, a profundidade inadequada, a falha no projeto, o movimento térmico ou a retração em torno dos estribos.

4.3.2 Desintegração.

A desintegração pode ser causada por uma variedade de causas, incluindo o ataque agressivo da água, congelamento e descongelamento, ataque químico e más práticas de construção.

Dois dos termos mais comummente utilizados para descrever a desintegração são a descamação e a formação de pó: no entanto, neste caso, a descamação foi observada na superfície do convés.

Figura 6, *exposição superficial dos agregados da pista*

4.3.3 Assoreamento do tabuleiro da ponte de Wamika

Observou-se a acumulação de lodo na superfície do convés, sobretudo no lado adjacente aos orifícios de drenagem. O efeito é que os orifícios de drenagem acabarão por ficar bloqueados e a superfície do convés será inundada, o que provocará o planeamento hidrológico.

Figura 7. Efeito da obstrução dos orifícios de drenagem por lodo

4.4.4 Crescimento da vegetação

Como mostra a imagem abaixo, podem ver-se plantas rasteiras a crescer no tabuleiro e no pilar da ponte, o que se deve exclusivamente à negligência e/ou à falta de manutenção de rotina.

Figura 8*. Falta de manutenção de rotina, ponte Wamika 2*

4.5 Patologias comuns nas pontes a partir da inspeção visual

O quadro seguinte resume os defeitos mais comuns encontrados nas 14 pontes inspeccionadas.

Bridge Component	Bridges where this Component Exists (Out Of 14)	No. of components with Pathologies	Pathologies Identified (%)
Deck	14	13	93
Abutment	14	13	93
Expansion joints	12	6	50
Bearing equipment	6	4	67
Drainage system	10	6	60
Guard rail	14	8	57
Pavement	14	13	93
footways	7	3	43

Tabela 4*. Resumo das patologias comuns nas pontes a partir da inspeção visual*

As principais patologias verificadas nos componentes RC, nomeadamente nos tabuleiros e encontros, são a fendilhação e a deslamagem do betão com consequente esboroamento do betão, e a exposição das armaduras em algumas pontes. Estas patologias podem ter origem num mau acabamento das superfícies de betão, ou numa disposição inadequada das armaduras de aço ou ainda numa betonagem ou desmoldagem inadequada. As patologias relacionadas com os sistemas de drenagem, como a acumulação de lixo e fragmentos, devem-se essencialmente a uma utilização incorrecta e à ausência de manutenção.

As patologias nas plataformas e nos pilares foram investigadas mais profundamente.

Os gráficos 5 e 6 mostram as incidências de patologias que afectam as plataformas e os pilares, respetivamente.

Pathology	Percentage Incidence (%)
Concrete cracking	50
Concrete spalling	30
Water dipping	18

Tabela 5*. Patologias em pavimentos*

Pathology	Percentage Incidence (%)
Concrete cracking	21
Concrete spalling	14
Water dipping	50

Tabela 6. Patologias em pilares

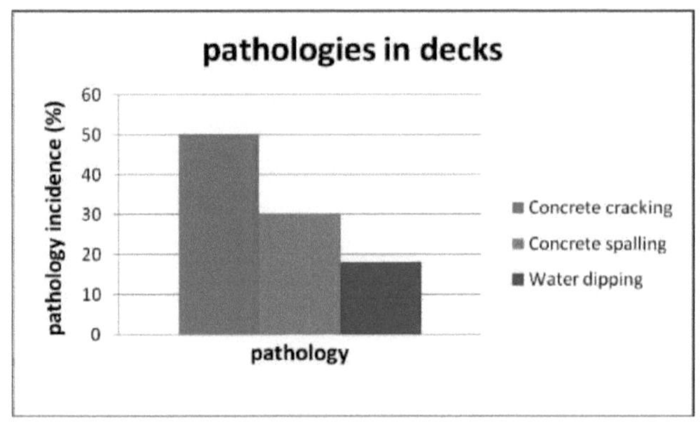

Gráfico 4. *Percentagem de patologias no convés*

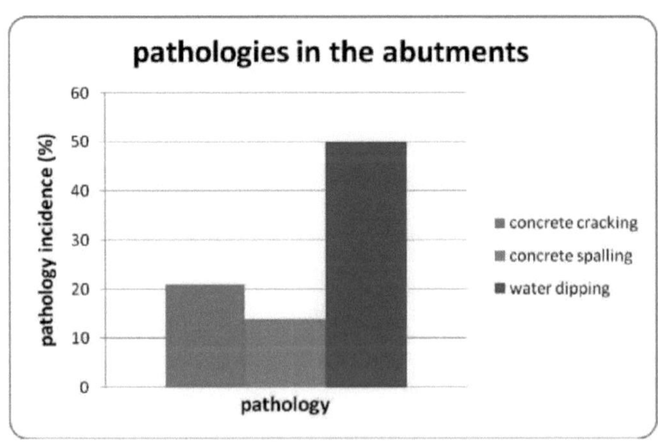

Gráfico 5. *Percentagem de patologias nos pilares*

93% das pontes apresentavam patologias nos tabuleiros, sendo que 30% dessas patologias estão relacionadas com o esboroamento e fissuração do betão (50%). O escorrimento de água também foi observado em 18% das patologias nos tabuleiros. 93% das 14 estruturas de pontes analisadas apresentaram deficiências nos encontros. Nestas estruturas, as patologias mais comuns observadas foram: infiltração de água (50%), fissuração do betão (21%) e spalling (14%).

CAPÍTULO 5

CONCLUSÕES E RECOMENDAÇÕES

5.1 Conclusões

A manutenção é uma atividade essencial para as infra-estruturas e, quando negligenciada, a infraestrutura depreciada torna-se, com o tempo, impossível de manter e exige a reconstrução, que é muito dispendiosa em comparação com o que teria sido gasto na manutenção. Os custos não se limitam a termos monetários, mas também ao tempo perdido e ao tráfego impedido de utilizar a infraestrutura durante a reconstrução.

Em resumo, a maioria dos defeitos nas pontes RC resulta do aumento do tráfego que ultrapassa as cargas de projeto, de factores ambientais, de erros de construção e de projeto e de negligência na manutenção de rotina. No entanto, entre os defeitos mais comuns estão a fragmentação, a fissuração e a delaminação com pouca exposição das armaduras.

Há um grande número de técnicas que podem ser aplicadas na manutenção e reabilitação de pontes RC de auto-estradas. [th]Algumas destas técnicas são tradicionais, mas muitas foram desenvolvidas desde o século XX através da investigação e outras estão ainda a ser investigadas para avaliar a sua aplicabilidade. A utilização de varões de reforço revestidos a epóxi, de inibidores de corrosão, de reforço de plástico reforçado com fibras e de métodos electroquímicos provaram ser bem sucedidos na atenuação da corrosão dos varões. Além disso, as agências de manutenção de pontes devem assegurar uma manutenção de rotina e periódica para que as pontes possam cumprir a sua vida útil.

De acordo com os métodos electroquímicos, a técnica do potencial de meia célula foi utilizada para avaliar a corrosão das armaduras no tabuleiro da ponte Wamika. Os resultados revelaram que as armaduras ainda estão livres de corrosão e que apenas é necessária uma manutenção simples para a manter em serviço. Esta manutenção incluirá a selagem de fissuras, a reparação do pavimento (sobreposição), a desassoreação e a limpeza da vegetação sobre a ponte.

No entanto, o estudo revelou e provou que a manutenção de pontes no Uganda continua a ser deficiente e é um sector muito vulnerável que necessita de atenção extra. Também ficou claro que a técnica do potencial de meia célula pode ser aplicada em muitas outras pontes de betão para avaliar facilmente o seu estado de corrosão.

A investigação confirmou que, atualmente, muitas pontes no Uganda não são objeto de qualquer manutenção e que, devido à falta de uma rede adequada no Departamento de Gestão de Pontes da UNRA, as condições podem ser ainda piores. A falta de barreiras de proteção em algumas pontes, como a ponte Rwizi em

A estrada Fort Portal-Kasese é muito arriscada, uma vez que os automobilistas e os peões podem cair acidentalmente sobre a ponte. A outra preocupação prende-se com o facto de algumas pontes não terem uma passagem para peões, o que é muito arriscado e torna essas zonas propensas a acidentes.

No caso da reabilitação, podem ser utilizadas várias técnicas. Estas incluem pavimentos leves, acções compósitas, pós-tensionamento e adição de apoios suplementares. No entanto, para o Uganda, tendo em conta o custo e a tecnologia, recomenda-se a utilização de acções compostas neste caso.

5.2 Recomendações

Atualmente, quase não há informação disponível sobre as pontes existentes no Uganda. A informação sobre datas de construção, desenhos e projectos relativos a estas pontes não está disponível nos arquivos da UNRA. Isto constitui um grande obstáculo à investigação e, se for necessário efetuar a manutenção, não existem dados que possam servir de referência, o que dificulta a tarefa. O Ministério das Obras Públicas deve, portanto, iniciar a atividade de fornecer informações sobre todas as pontes no Uganda, o que pode ser o ponto de partida para novos desenvolvimentos.

Podem ser efectuadas mais investigações para avaliar a corrosão dos vergalhões noutras pontes do Uganda, o que forneceria dados aos responsáveis pelo desenvolvimento do BMS. Na nossa investigação, avaliámos apenas a parte superior do tabuleiro da ponte, mas é necessário avaliar tanto o tabuleiro (superior/inferior) como a alma. Por conseguinte, este facto deve ser verificado em investigações futuras.

É necessário um esforço suplementar para supervisionar estas pontes, porque algumas pessoas contratam actividades de manutenção e, infelizmente, não as executam como esperado, mas com uma supervisão regular este problema pode ser resolvido.

REFERÊNCIAS

1. B. Elsener, C. Andrade, J. Gulikers, R. Polder e M. Raupach. (2003) "*Half-cell potential measurements - Potential mapping on reinforced concrete structures*". Materiais e Estruturas Vol 36.

2. B. Elsener. (2005). *"Taxa de corrosão do aço em betão - medições para além da lei de Tafel".* Instituto Federal Suíço de Tecnologia. Revista Elsevier de Ciência da Corrosão.

3. B. Elsener.(2001). *"Mapeamento do potencial de meia-célula para avaliar trabalhos de reparação em estruturas RC."* Elsevier Journal of Construction and Building Materials.

4. Bindra.s.p .(2007). *"Principles and practice of Bridge Engineering, Eighth Edition, chapter 1 and chapter 12.* "DhanpatRai Publications.

5. C.Q. Li, J. J. Zheng, W. Lawanwisut e R. E. Melchers (2007). *"Delaminação do betão causada pela corrosão das armaduras de aço".* Journal of Materials in Civil Engineering, Vol.19.

6. CMT instruments limited (2004), "hand held digital half cell test kit". Guia do utilizador, Derby UK DE1 3QB

7. Del DOT Bridge Design Manual Chapter Nine. (2005) *"Reabilitação de pontes existentes".*

8. Dimitri V. Val, Mark G. Stewart e Robert E. Melchers (1998). *"Effect of reinforcement corrosion on reliability of highway bridges" (Efeito da corrosão das armaduras na fiabilidade das pontes rodoviárias).* Department of Civil, Surveying and Environmental Engineering, University of Newcastle, Newcastle, NSW 2308, Austrália. Elsevier Journal of structural engineering.

9. E. Nakamura, H. Watanabe, H. Koga, M. Nakamura e K. Ikawa. (2008). *"Medidas de potencial de meia célula para avaliar o risco de corrosão de aços de reforço numa ponte de PC".* Conferência Internacional da RILEM.

10. F. Carter "Bud" Karins e Andy Schrader. (2008). "*Half-Cell Potential Corrosion SurveyAids Repair Design".* Boletim de Reparação de Betão.

11. F. Wayne Klaiber, Terry J. Wipf. (2003). "*Bridge Engineering: Construção e Manutenção, capítulo 6: Reforço e Reabilitação*", Universidade do Estado do Iowa, Taylor & Francis Group, LLC

12. George Hearn, Ronald L. Purvis, Paul Thompson, William H. Bushman, Kevin K. Mcghee, Wallace T. Mckeel. (1999). *"Bridge Maintenance andManagement"* A3C06: Comité de Manutenção e Gestão de Estruturas

13. Ha-Won Song, VeluSaraswathy (2007). *"Corrosion Monitoring of Reinforced Concrete Structures-Areview.* "Departamento de Engenharia Civil e Ambiental, Universidade de Yonsei, Seul 120 -749, Coreia do Sul. Jornal Internacional de Ciência Eletroquímica.

14. J. A. Mwakali. (2003). *"Manutenção de infra-estruturas civis"*. Departamento de Engenharia Civil, Faculdade de Tecnologia, Universidade de Makerere.

15. J.A. Gonzalez a, A. Cobo, M.N. Gonzalez, S. Feliu. (2000). *"On-site determination of corrosion rate in reinforced concrete structures by use of galvanostaticpulses."* Pergamon journal of corrosion science.

16. Jennifer L. Kepler, David Darwin, Carl E. Locke, Jr. (2000). *"Evaluation of Corrosion Protection Methods for Reinforced Concrete Highway Structures" [Avaliação dos métodos de proteção contra a corrosão para estruturas rodoviárias de betão armado]*. Structural Engineering and Engineering Materials, Sm Report No. 58 University of Kansas Center For Research, Inc., Lawrence, Kansas. Lawrence, Kansas.

17. Joost J. Gulikers, Bernhard Elsener .(2008). *"Interpretação slalislical dos resultados da cartografia potencial em estruturas de betão armado"*. Avaliação no local de estruturas de betão, madeira e alvenaria, Conferência Internacional da RILEM

18. KhossrowBabei, Robert H. Krier. (1986*). "Evaluation of Half-cell corrosion detection test for concrete bridge decks"*. Washington State Transportation Commission, Department of Transportation, Federal Highway Administration

19. Kitipoom Chansuriyasak, ChalermchaiWanichlamlart, PakawatSancharoen, WareeKongprawechnon e SomnukTangtermsirikul. (2010*). "Comparação entre o potencial de meia célula do betão armado exposto ao dióxido de carbono e ao ambiente de cloreto"*. Instituto Internacional de Tecnologia Sirindhorn, Thammasat

Universidade, KhlongLuang, PathumThani, 12120 Tailândia. Songklanakarin Journal or science and Technology.

20. Mark G. Stewart. (2004). *"Variabilidade espacial da corrosão por pite e sua influência na fragilidade estrutural e fiabilidade de vigas RC em flexão."* Elsevier Journal ,Structural Safety.

21. Nicholas J. Carino. (2004). "*Handbook on non-Destructive Testing of Concrete*". Instituto Nacional de Normas e Tecnologia, CRC Press LLC.

22. Paul Virmani, McLean, John M. Hooks. (2010). "*Mitigação da corrosão em pontes de betão*". Administração Federal das Auto-estradas.

23. QinghuiSuo, Mark G. Stewart. (2008). "*Atualização da previsão de fissuras por corrosão de estruturas RC em deterioração utilizando informações de inspeção"*. Elsevier Journal of Reliability Engineering and System Safety.

24. R.F. Stratfull, W.J. Jurkovich, e D.L Spellman. (1975*). "Corrosion Testing of BridgeDecks ".*

Transportation Transportation Laboratory 5900 Folsom Boulevard Sacramento, Califórnia 95819.

25. Relatório sobre a Gestão da Manutenção Rodoviária das Estradas Nacionais pela UNRA. (2011).

26. Richard E. Weyers, Brian D. Prowell, Michael M. Sprinkel, Michael Vorster, Charles E. (1993). "*Proteção, reparação e reabilitação de pontes de betão relativamente à corrosão das armaduras: A Methods Application Manual*". Programa Estratégico de Investigação Rodoviária, Conselho Nacional de Investigação Washington, DC.

27. S. Feliu, J.A. Gonzalez, J.M. Miranda, V. Feliu. (2004). "*Possibilidades e problemas das técnicas in situ para medir as taxas de corrosão do aço em grandes estruturas de betão armado.*" Revista Elsevier de Ciência da Corrosão.

28. Schwarz.W, Mullner.F, A. van den Hondel. (2013). *'Reparação e manutenção de estruturas de betão armado com aço por proteção simultânea contra a corrosão galvânica e extração de cloreto."* Congresso Centro-Europeu de Engenharia de Betão.

29. T. Paul Teng. (2000). *"Materials and Methods for Corrosion Control of Reinforced and Prestressed Concrete Structures in New Construction" [Materiais e métodos para o controlo da corrosão de estruturas de betão armado e pré-esforçado em novas construções].* Departamento de Transportes dos EUA, Administração Federal das Auto-estradas

30. Tamer El Maaddawy, Khaled Soudki. (2007). *"Um modelo para a previsão do tempo desde o início da corrosão até à fissuração por corrosão.* Universidade dos Emirados Árabes Unidos, Al-Ain, Abu Dhabi. Elsevier Journal of cement and concrete composites.

Printed by Books on Demand GmbH, Norderstedt / Germany